AF643382

ENTOMOLOGISCHE ABHANDLUNGEN

STAATLICHES MUSEUM FÜR TIERKUNDE IN DRESDEN

Band 40 Ausgegeben 18 Dezember 1974 Nr. 5

Die Entwicklung der Mundteile der Odonaten

Mit 5 Figuren

DOUGLAS ST QUENTIN
Wien

Hier soll die Entwicklung der Mundteile innerhalb der Ordnung *Odonata* in ihren hauptsächlichsten Zügen verfolgt werden, soweit es das spärliche, zur Verfügung stehende Material und die Literaturangaben erlauben

Wir unterscheiden an der Imago folgende Mundgliedmaßen die unpaarige und ungegliederte Oberlippe, das Labrum, das paarige, ungegliederte obere Kiefernpaar, (irreführend) Mandibeln genannt, das paarige, untere Kiefernpaar, (irreführend) Maxille genannt, die (sekundär) unpaarige, gegliederte Unterlippe, das Labium.

Labrum und Mandibeln zeigen innerhalb der Ordnung nur geringe Unterschiede, so daß hier eine Entwicklung nicht verfolgt werden kann, das Labrum scheint aber bei den ursprünglicheren Formen, wie bei den *Chlorocyphidae*, relativ größer zu sein als bei den höher entwickelten Die Mandibeln sind robust mit kräftigen Incisiven und gut entwickelten Molaren, ihre Muskulatur ist auffallend stark ausgebildet

An den Maxillen (Fig 1) unterscheiden wir die annähernd dreieckige Corda und die mit der Corda und der Maxille gelenkig verbundenen Stipes, an der Maxille die Innenlade (Lobus internus), den wir mit der Lacinia, und den Außenlobus (Lobus externus), den wir mit der Galea homologisieren Die Lacinia trägt einige Dornen, von denen 2 Dornen an ihrem Ende besonders stark sind, die Galea ist mit regellos verteilten Sinnesborsten reich versehen

Am Labium (Fig 2) unterscheiden wir Mentum und Submentum, zwei als Squama bezeichnete Chitinspangen, den Mittellappen (Lobus medialis, ML), die paarigen Seitenlappen (Lobi laterales, SL), die (ursprünglich) zwei Fortsätze tragen, den äußeren „beweglichen Fortsatz" (bF, „movable hook" der englischen Autoren) und den inneren, „unbeweglichen Fortsatz" (uF, „endhook" der englischen Autoren).

Die Frage, ob den Odonaten an Maxillen und Labium auch Palpi zukommen, ist umstritten GERSTÄCKER gibt 1873 eine Übersicht der Literatur zu dieser Frage, von ROESEL (1749), bis zu seiner Zeit, die meisten Autoren, wie etwa LATREILLE (1817) oder BRULLÉ (1833) sprechen den Odonaten Palpen zu, andere wie BURMEISTER (1838) oder HAGEN (1861) bestreiten es, von späteren Autoren vertreten die meisten, wie CALVERT (1893, p 157), GARMAN (1917, p 415), TILLYARD (1917, p 17), GRANDI (1951, p 521), ASAHINA (1954, p 20), den Standpunkt GERSTÄCKERs, nur BÖRNER (1909) ist dagegen, will aber noch den Palpusmuskel als Beweis für das ehemalige Vorhandensein des Palpus gefunden haben, auch CRAMPTON (1923) nimmt an, daß der Palpus nicht (mehr) vorhanden sei.

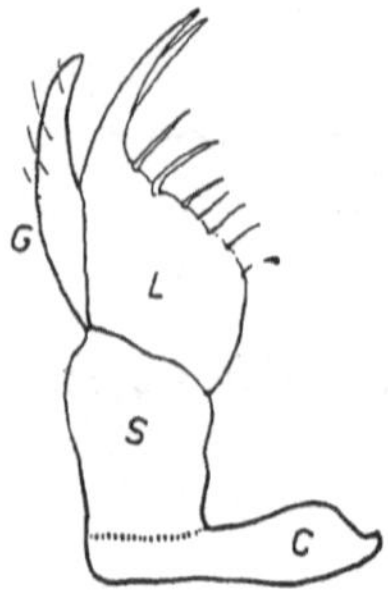

Fig. 1 Maxille von *Coenagrion pulchellum* (v d. L)
C Corda – S Stipes – L Lacinia – G Galea.

GERSTÄCKER und seine Nachfolger nehmen an, daß den Odonaten Palpen zukommen, diese aber im Laufe der phylogenetischen Entwicklung Umformungen erlitten hätten, während BÖRNER die Ansicht vertritt, die Odonaten hätten wohl ursprünglich Palpi besessen, diese wären aber zurückgebildet worden

Den Palpus maxillaris sieht GERSTÄCKER in dem hier Galea genannten Mundteil, die (ursprüngliche) Galea sei mit der Lacinia verschmolzen und der Palpus (gegliedert, lang, gerade) hätte die Gestalt der Galea (ungegliedert, kurz, gekrümmt) angenommen

Der Palpus labialis sei mit der Galea verschmolzen und stelle jetzt die Seitenlappen vor, von den beiden Seitenlappenfortsätzen sei bF dem Palpus, uF der Galea zuzurechnen Die Lacinia des Labium hätte ihre Selbständigkeit bewahrt und bilde den Mittellappen

Es wird also das offensichtliche Fehlen der Palpi an der Maxille durch einen Umwandlungsprozeß, das Fehlen am Labium durch einen Verwachsungsprozeß erklärt, der Palpus der Maxille wäre demnach zu einer (sekundären) Galea umgewandelt worden, der Palpus des Labium mit der (primären) Galea zum Seitenlappen verschmolzen, was recht gezwungen anmutet

Eine etwas abweichende Ansicht vertritt BUTLER (1904), nach der Autorin wäre der Mittellappen nicht, wie bei GERSTÄCKER, aus den beiden Laciniae gebildet, sondern aus Lacinia und Galea, die Palpi wären die Seitenlappen mit den beiden Fortsätzen Viele der neueren Autoren bekennen sich zu dieser Deutung

Demgegenüber nehmen wir mit BÖRNER (1909) und CRAMPTON (1923) an, daß den Odonaten vielleicht ursprünglich Palpi zukamen, diese aber im Laufe der phylogenetischen Entwicklung rudimentiert wurden, was ja bei vielen Insekten der Fall ist, die eine besondere Art der Nahrungsaufnahme entwickelt haben

Die Entwicklung des Odonatengebisses kann am besten am Labium verfolgt werden, weil dieser Mundteil die größten Umformungen erlitten hat Wir beginnen mit dem Labium der Zygopteren, das ursprünglicher zu sein scheint als das der Anisopteren Von den beiden Superfamilien der *Zygoptera*, *Calopterygoidea* und *Coenagrionidea*, scheint erstere ursprünglicher zu sein, hierzu kommt noch, daß wir über ihr Labium besser unterrichtet sind, weil SELYS (1854) die Labia von 11 Arten abbildete

Innerhalb der *Calopterygoidea* besteht die Tendenz (ST QUENTIN 1967), die Körpergröße und Geäderdichte zu steigern, wir werden daher eine recht kleine Art suchen, um ein recht ursprüngliches Labium zu finden Die kleinsten *Calopterygoidea* sind die *Chloro-*

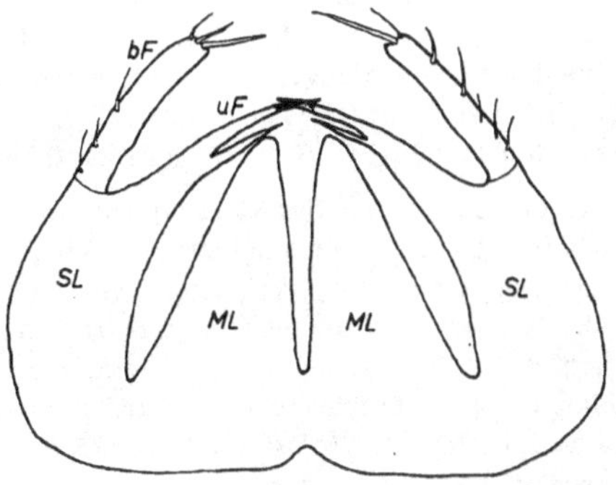

Fig. 2. Labium von *Rhinocypha fenestrella* RAMB.
ML: Mittellappen – SL: Seitenlappen – bF: beweglicher Fortsatz – uF: unbeweglicher Fortsatz.

cyphidae; das Labium einer ihrer Arten, *Libellago lineata* (BURM.) bringt SELYS (1854, pl. 8, fig. 14) und das Präparat einer zweiten Art, *Rhinocypha fenestrella* RAMB., liegt vor (Fig. 2).

Die Labia dieser beiden Arten sind wenig verschieden; der Mittellappen erscheint tief, fast bis zum Mentum, gespalten; die beiden Seitenlappen sind schmal, von den beiden Fortsätzen ist uF bifid.

Vergleichen wir dieses Labium mit dem Labium einer der größten Formen der Superfamilie, *Thore (Euthore) fasciata* SELYS (SELYS l. c., pl. 8, fig. 16), so finden wir hier die beiden Längshälften des Mittellappens fast bis zur Spitze verwachsen; die Seitenlappen sind etwas breiter, der Fortsatz uF zeigt nur eine Spitze.

Als dritten morphologischen Typus nehmen wir das Labium (Fig. 3) einer mittelgroßen Form, von *Calopteryx virgo* (L.). Es nimmt deutlich eine Mittelstellung ein; die beiden

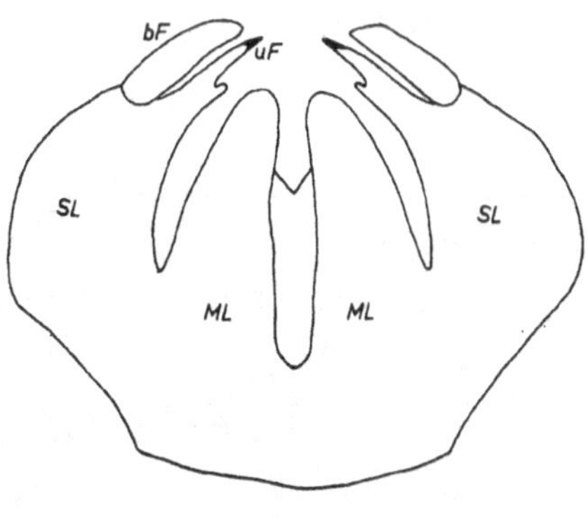

Fig. 3. Labium von *Calopteryx virgo* (L.). Abkürzungen wie in Fig. 2.

Längshälften des Mittellappens sind durch eine dünne Membran bis etwa $^2/_3$ ihre Länge verwachsen, der Fortsatz uF zeigt nur eine Spitze, aber an seiner Basis einen Zahn, der als Rudiment der zweiten, medianen Spitze angesehen werden könnte. Diesen Zahn zeigen auch die Abbildungen der Labia von *Calopteryx maculata* BEAUV. (CALVERT 1893, p. 1, 2, fig. 7) und *Calopteryx angustipennis* WALK. (BUTLER 1904, pl. 7, fig. 6e).

Diese drei Typen gestatten den Schluß, daß der Mittellappen ursprünglich paarig angelegt war, daß seine beiden Hälften im Laufe der phylogenetischen Entwicklung verwachsen, daß die Seitenlappen, ursprünglich schmal, verbreitert werden, daß von ihren beiden Fortsätzen uF ursprünglich bifid war und die median gestellte Spitze zurückgebildet wird. Von der zweiten Superfamilie der Zygopteren, den *Coenagrionidea*, sind sehr wenig Labia bekannt. Bei den *Lestidae*, es liegen Präparate von *Lestes sponsa* HANS., *Lestes dryas* KIRBY, *Sympecma fusca* (v. d. LIND.), *Austrolestes leda* SELYS und der Megapodagrionide *Megaloprepus caerulatus* (DRURY) vor, ist der Mittellappen des Labium tief gespalten; bei den *Coenagrionidae*, es liegen Präparate von *Coenagrion puella* (L.), *Coenagrion pulchellum* (v. d. LIND.), *Oxyagrion hempeli* CALVERT, *Argia* spec., *Ischnura verticalis* (SAY) vor, sind nach GARMAN (1917, fig. 37) die beiden Längshälften des Mittellappens bis etwa $^2/_3$ ihrer Länge verwachsen. Wahrscheinlich unterliegt auch der Fortsatz uF hier einer Rückbildung, denn er ist bei den für primitiver betrachteten Labium von *Lestes sponsa* etwa gleichlang wie bF und bei den für höher entwickelt gehaltenen Labium von *Ischnura verticalis* nur halb so lang.

Wir können demnach für die Superfamilie annehmen, daß auch hier der Mittellappen ursprünglich paarig angelegt war und im Verlauf der phylogenetischen Entwicklung verwächst; weiter, daß auch der Fortsatz uF einer Rückbildung unterliegt.

Bei Anisopteren sind das zur Verfügung stehende Material und die Literaturangaben etwas reichlicher.

Bei den *Petaluridae* finden wir das ursprünglichste Labium der Unterordnung; der Mittellappen ist (SELYS 1858, pl. 19, fig. 1, 3, 4) tief eingeschnitten und zu zwei schmalen Spitzen ausgezogen.

Bei den *Cordulegasteridae* ist der Mittellappen (nach Präparaten von *Cordulegaster boltoni* DONOV. und *Chlorogomphus fraseri* ST. QUENTIN) flach eingekerbt mit gerundetem Vorderrand.

Bei *Aeschnidae* ist der Mittellappen entweder schmal eingeschnitten und in zwei Spitzen ausgezogen, wie bei *Aeschna mixta* (LATR.), oder mit 4 Spitzen, wie bei *Aeschna brevi-*

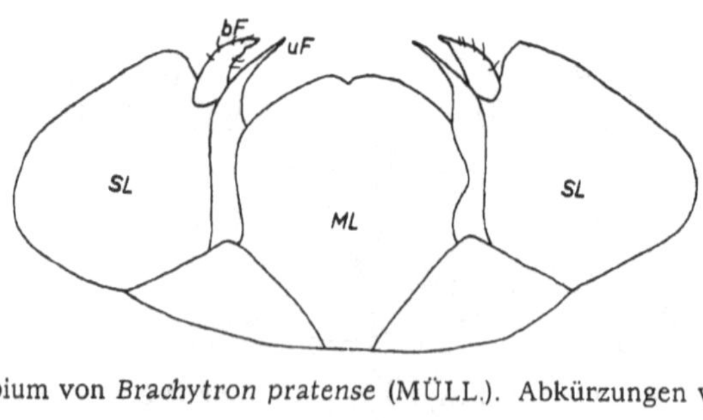

Fig. 4. Labium von *Brachytron pratense* (MÜLL.). Abkürzungen wie in Fig. 2.

styla RAMB. (siehe TILLYARD 1917, p. 5) oder nur ganz schwach eingekerbt, wie bei *Brachytron pratense* (MÜLL.) (Fig. 4). Die Brachytrine *Austrophlebia costalis* TILLYARD zeigt (TILLYARD 1917, p. 19) darin eine Besonderheit, daß uF, gleich wie bei den *Chlorocyphidae*, bifid ist, was als ein Hinweis angesehen werden könnte, daß uF auch bei den Anisopteren ursprünglich zweispitzig war.

Vollkommen abweichend ist das Labium der Petaliine *Petalia punctata* HAGEN (SELYS 1858, pl. 18, fig. 8e); es erinnert sehr an das Labium der *Cordulegasterinae*; der Vorderrand des Mittellappens ist breit eingekerbt.

Von den *Gomphidae* hat SELYS (1858, pl. 2, 5, 6, 10–13, 15, 16) die Labia von 12 Arten abgebildet. Da angenommen wird (ST. QUENTIN 1967), daß die Entwicklung innerhalb der Familie dahin geht, Körpergröße und Geäderdichte zu reduzieren, werden wir ein möglichst primitives Labium bei einer möglichst großen Form erwarten; die größte, hier abgebildete Form, *Phyllogomphus aethiops* SELYS, zeigt den Vorderrand des Mittellappens breit eingekerbt; bei den anderen Formen ist er ganzrandig, was den Schluß gestattet, daß auch in dieser Familie der Mittellappen ursprünglich paarig angelegt war.

Von *Corduliidae* liegen Präparate der Labia von *Macromidia donaldi* FRASER und *Epitheca bimaculata* (CHARP.) vor; BUTLER (1904, pl. 7, fig. 3a, b, d) bildet Teile der Seitenlappen von *Didymops transversa* (SAY) und *Dythemis brevistya* SELYS ab. Der Mittellappen ist vollkommen verwachsen und stark reduziert, die Seitenlappen sind stark verbreitert, ihre beiden Fortsätze ganz oder bis auf einen kurzen Stummel rudimentiert.

Von den *Libellulidae* liegen vor Präparate der Labia von *Potomarcha obscura* (RAMB.), *Orthetrum caerulescens* (FABR.) und *Pantala flavescens* (FABR.). BUTLER (1904, pl. 7, fig. 3) bringt Abbildungen der Labia von *Micratyria berenice* (DRURY), *Neodythemis hildebrandti* (KARSCH) (sub *Pseudophlebia minima* KIRBY); TILLYARD (1917, fig. 6) von *Diplacodes haematodes* (BURM.); CORBET (1951, fig. 6) von *Sympetrum striolatum* (CHARP.). Das Labium gleicht dem der *Corduliidae*; der Mittellappen ist stark reduziert, die Seitenlappen sind stark verbreitert, ihre Fortsätze mehr oder minder rückgebildet.

In der Unterordnung *Anisozygoptera* mit der Art *Epiophlebia superstes* SELYS sind wir über das Labium, dank ASAHINA 1954, gut unterrichtet. Das Labium macht, als ganzes genommen, keinen ursprünglichen Eindruck und gleicht dem Labium höherer Gomphiden. Der Mittellappen ist ungeteilt, sein Vorderrand zeigt vier kurze Spitzen, wie von *Aeschna brevistyla* angegeben. ASAHINA sieht in ihnen Reste der Glossa und Paraglossa.

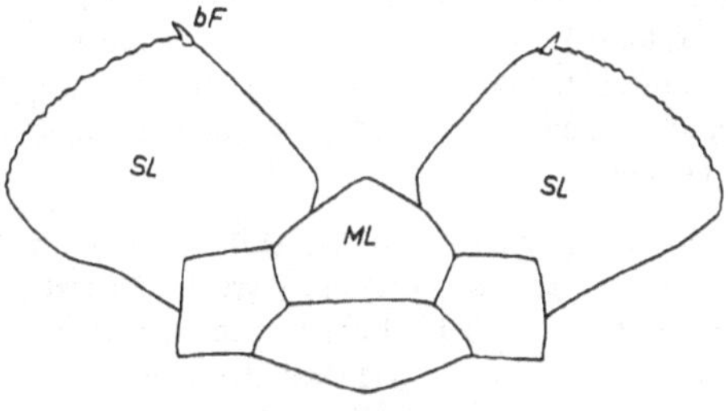

Fig. 5. Labium von *Pantala flavescens* (FABR.).
Abkürzungen wie in Fig. 2.

Zusammenfassend gestatten das vorliegende Material und die Angaben in der Literatur folgende Schlußfolgerungen.

Die Homologisierung der Mundteile, wie sie im Anschluß an GERSTÄCKER und BUTLER von den meisten Autoren gebracht wird, setzt zu weitgehende Umformungen voraus; folgende Homologisierungen scheinen den natürlichen Gegebenheiten besser zu entsprechen.

Der Mittellappen entspricht der Ligula von Insekten mit kauenden Mundteilen; seine Ableitung von einem Mundteil der Maxille, wie bei GERSTÄCKER von den (zusammengewachsenen) Laciniae, erscheint zu gewagt.

Die Seitenlappen könnten aus den zusammengewachsenen Mundteilen, Galea und Lacinia, gebildet sein. Eine Trennungsfurche im Chitin und die Gestalt der beiden Fortsätze, von denen bF ganz mit der Galea, uF mit der Lacinia übereinstimmt, spricht dafür.

Was die Entwicklung der Mundteile innerhalb der Ordnung betrifft, sind etwa folgende Phasen festzustellen. Der Mittellappen, ursprünglich paarig angelegt, verwächst im Laufe der Entwicklung bei höheren Zygopteren bis auf eine Kerbe, bei höheren Anisopteren vollständig; bei diesen Formen setzt überdies noch eine Reduktion des Mittellappens ein.

Die Seitenlappen, ursprünglich schmal, werden im Laufe der Entwicklung verbreitert und bilden, zum Mittellappen rechtwinklig abgebogen (nicht wie auf den Abbildungen mit dem Mittellappen in gleicher Ebene), die seitliche Begrenzung der Mundhöhle. Von ihren beiden Fortsätzen ist uF bei primitiven Formen (Anisopteren wie Zygopteren) zweispitzig; im Laufe der Entwicklung wird die median gestellte Spitze zurückgebildet. Im weiteren Verlauf der Entwicklung werden beide Fortsätze, uF zuerst, bF später, reduziert, bis bei den höheren Anisopteren (*Libellulidae*) uF restlos, bF bis auf einen kurzen Stummel rudimentiert erscheint.

Das Resultat dieser Entwicklung ist ein Gebiß, das vor allem durch seine Geschlossenheit auffällt und wenig Beziehungen zu anderen Gebißtypen, sei es der „kauende Typus" der Orthopteren, sei es der „carnivore Typus" mancher Raubkäfer (*Cicindela*), zeigt. Es ist gekennzeichnet durch die Verstärkung von Mandibel, Maxille und ihrer Muskulatur, durch die Verfestigung des Labium (durch das Zusammenwachsen der beiden Längshälften) und der Verbreiterung der Seitenlappen. Vom Standpunkt der Funktion betrachtet ergibt diese Entwicklung eine Verstärkung des (mechanisch wirkenden) Kauapparates, verbunden mit einer Reduktion des (chemisch wirkenden) sensorezeptorischen Apparates, wie Palpi und Antennen. Von den Mundteilen, welche die Mundhöhle umgrenzen, werden jene, die die Seiten der Mundhöhle begrenzen (Seitenlappen), vergrößert, jene, welche sie von vorn (Labrum) und unten (Labium) begrenzen, reduziert. Eine Entwicklung, die wohl durch die starke Ausbildung der Kaumuskulatur bedingt wurde und die eine beachtenswerte Parallele in der Entwicklung des Libellenthorax zeigt, wo ebenfalls die Seitenteile (Pleuren) verstärkt, die sternalen und notalen Teile reduziert wurden, was hier die starke Ausbildung der Flugmuskulatur bedingte.

Die Odonaten haben sich im Laufe der Entwicklung der Ordnung zu immer besseren Fliegern und reißenderen Räubern an eine besondere Art des Beutefanges angepaßt und ein besonderes Gebiß entwickelt. Dieses Gebiß könnte, zum Unterschied von den gänzlich verschiedenen Gebißtypen anderer Insekten wie dem „kauenden Typus" oder dem „carnivoren Typus", als „reißender Typus" bezeichnet werden. Er stellt wie die ganze Odonatenanatomie die Eigenart dieser Ordnung erneut unter Beweis.

Summary

THE EVOLUTION OF THE MOUTH-PARTS IN THE ORDER ODONATA

The paper deals with the evolution of the mouth-parts, especially of the labium, in the order *Odonata*.

The theory of GERSTÄCKER and his followers, the *Odonata* have palpi that the galea is in reality the palpus maxillaris, the lateral lobes are the palpus labialis (fused with the galea), seems rather artificial and not founded enough.

We think the median lobe of the labium is derived from the ligula of primitive insects; the lateral lobes are the fused galea and lacinia.

The evolution of the labium goes about following stages: primitive *Odonata* show the median lobe of the labium deeply divided, the lateral lobes rather small, the endhook bifid; higher forms show the median lobe partly fused, the lateral lobe larger, the endhook simple; at the end of the evolution we see the median lobe totally fused and remarkably reduced.

The results of this evolution is the closed mouth of the (higher) *Odonata*, the strengthening of the (more mechanical acting) organs of biting correlated with the reduction of the (more chemical acting) organs of sense like palpi and antennae.

Literatur

ASAHINA, S., 1954: A morphological study of a relic Dragonfly *Epiophlebia superstes*. – Japan. Soc. Promot. Sci. Tokyo, 1–153.

BÖRNER, C., 1909: Neue Homologien zwischen Crustaceen und Hexapoden. – Zool. Anz., **34**, 100–127.

BRULLÉ, G. A., 1833: Observations sur la bouche des Libellulines. – Ann. Soc. Ent. France, **2**, 343–350.

BURMEISTER, H. C., 1839: Handbuch der Entomologie, *Subulicornia*. Berlin, 782–862.

BUTLER, H., 1904: The labium of *Odonata*. – Trans. Amer. Ent. Soc., **30**, 111–133.

CALVERT, P. P., 1893: North American *Odonata*. – Trans. Amer. Ent. Soc., **20**, 153–268.

CONCI, C. et C. NIELSEN, 1956: Fauna d'Italia (*Odonata*), I. Bologna, 1–295.

CORBET, P. S., 1951: The development of the labium of *Sympetrum striolatum* (Charp.). – Entomol. Monthly Mag., London, **87**, 289–296.

CRAMPTON, G. C., 1923: A phylogenetic comparison of the maxillae throughout the orders of insects. – Journ. N. Y. Ent. Soc., **31**, 77–107.

GARMAN, P., 1917: The *Zygoptera*, or Damselflies of Illinois, – Bull. Illinois State Labor. of Nat. Hist., **12**, 411–587.

GERSTÄCKER, A., 1873: Zur Morphologie der Orthoptera amphibiotica. – 100-Jahr-Festschrift Ges. Naturforsch. Freunde Berlin, 39–59.

GRANDI, G., 1951: Introduzione allo studio dell'entomologia, Vol. I. Bologna, I–XXIV und 1–950.

HAGEN, H. A., 1861: Synopsis of the *Neuroptera* of North America. Washington, 1–347.

LATREILLE, P. A., 1817: In CUVIER, La Règne Animal, III, p. 321.

ST. QUENTIN, D., 1967: Entwicklungstendenzen im Flügelgeäder der Odonaten. – Ent. Abh. Mus. Tierk. Dresden, **32**, 311–339.

SELYS-LONGCHAMPS, E., 1854: Monographie des Calopterygines. – Mém. Soc. R. Sci. Liège, **9**, 1–291.

—, 1858: Monographie des Gomphines. – Mém. Soc. R. Sci. Liège, **11**, 257–720.

TILLYARD, R. J., 1917: The Biology of Dragonflies (*Odonata* or *Paraneuroptera*). Cambridge, 1–306.

Anschrift des Autors:

Dr. Douglas St. Quentin, Naturhistorisches Museum, Zoologische Abteilung,
Wien I, Burgring 7, Österreich.

FSC
www.fsc.org
MIX
Papier | Fördert gute Waldnutzung
FSC® C083411

Zeitfracht Medien GmbH
Ferdinand-Jühlke-Straße 7
99095 Erfurt, Deutschland
produktsicherheit@kolibri360.de